JN078634

続・動物園の なにげない一日

愛媛県立とべ動物園　みやこし さとし

創風社出版

- 目次 -

◇◇◇◇◇◇ とべ動物園開園 35 周年記念 ◇◇◇◇◇◇
「続・動物園のなにげない一日」発刊にあたって

園長　宮内 敬介

　開園 35 周年記念事業として、前回の出版で大好評をいただいた「動物園のなにげない一日」の二冊目を発行することになりました。一冊目を購入されたお客様からは、次はいつですか？と熱いリクエストをいただいておりましたが、作者がキリンの飼育に夢中のため、制作に時間を要してしまいました。この本は、飼育員の目線で動物たちに起こった日々の出来事を分かりやすくユーモラスに漫画で表現した一冊になります。いろんな動物の生態を知ることが出来たり、個性豊かな動物たちや飼育員が登場しますので、裏話やこぼれ話でクスッとしてみませんか？動物園の新たな楽しみ方に出会うかもしれません！

専門員　宮越 聡

　この度は「続・動物園のなにげない一日」を読んでいただきありがとうございます。一作品目の発売後から「二作目はいつですか？」や「楽しみにしています！」というありがたい御言葉をいただき、それを励みに作品を少しずつ描いてまいりました。自身の新しい挑戦として、三年前からは「サバンナ新聞」での四コマ漫画（サバンナのなにげない一日）を描き始め、四コマで話を完結させる難しさと毎月発行というプレッシャーと闘いながらも、次から次へと舞い込んでくるネタを形にしていく楽しさを実感することができました。

　動物園に興味がある人もない人も、動物園が大好きな人もそうでないない人も、この本がきっかけでまた動物園に足を運んでいただけたらありがたいです。

動物園の なにげない一日
～やっぱり投薬は大変だ!?～

今回は動物に
薬を飲ませるお話です

その動物の好物に
薬を仕込んで
食べてもらうことが
多いのですが…

食べてくれ

2

ウキッ

ポイ

これイヤ！

なかなか
難しかったり
・・・するんです

あー失敗…

3

食べてほしいけど、
食べてくれない…

どうして…
わかってくれないんだ・・・

じ…

4

特にサルは薬に対して敏感な子が多く、少しでも「おかしい！」と感じると口から出されてしまいます。粉末にしたり、ハチミツを混ぜたり・・いろいろな方法を考えてなんとか食べてもらえるようにしています。

さて、ここはカバ舎です

今日はカバに薬をあげるようです

なんでも食べてくれそうなカバでも、難しかったりするんです

 薬の量はその動物の体重によって変わります。体が大きなカバは薬の量も多かったのかな？？
水と一緒に飲み込んでくれればよかったのですが・・・

動物園の
なにげない一日

~発見 !? 幸運を招く... 毛 ?? ~

 ゾウのしっぽの毛の長さはさまざまですが、長いもので 50cmのものもあるそうです。動物園で拾った毛は大切に保管されています。

6

ゾウの「しっぽの毛」は
「幸運を招く」といわれ
ゾウ使いさんが腕輪などにして
よく身に付けています

5

おっ！
また、みーつけたー！！

6

帰りに宝くじ買っちゃお〜♪

だはっ

7

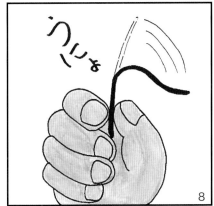

うぃ〜

8

見つけたのは「ゾウのしっぽの毛」ではなく、「ハリガネムシ」でした・・・

ゾ

9

ハリガネムシ・・・体長数㎝から1ｍの、針金のように硬くなることがある生物です。カマキリやバッタなどの昆虫に寄生します。硬くなったハリガネムシはゾウの毛と見分けがつきにくいとか！？

動物園の
なにげない一日

～右へ左へ カンガルー～

えっほっ　　えっほっ

いいぞ～

そのまま～

1

よ～し.
右に曲がるよ～

2

す…すごい！

カンガルーを
自在に操っている・・・

3

いつからそんなことが
出来るように
なったんですか？

ん？

ちょっと！

4

とべ動物園で飼育しているアカカンガルーは、カンガルーの中でも最大で立ち上がると２ｍ近くになります。絶滅したプロコプトドンと言うカンガルーの仲間は立ち上がると３ｍ以上になったそうです。お・・大きすぎる～！

カンガルーは、しっぽを持つと
まっすぐ前に歩こうとするんだよ

それで、右に振ると左へ進むし
左に振ると右に進むんだよ
船の「かじ」みたいなもんかな〜

まぁ、そんな感じで
コントロールを
しているんだよ

へぇ〜、
面白いですね〜

っと、いうことは！！

ピコーン

しっぽを上に持ち上げると
穴を掘ったりして〜

ほるかーー!!

カンガルーのしっぽを持っての移動は、治療を行う時など部屋から部屋に移動するときに行っています。

動物園の
なにげない一日
～どいてくれよー～

~サバンナエリア

1

あっ！そうだ！
シマウマの写真を
撮（と）らねば！

ポリッ

2

シマウマの蹄（ひづめ）が気（き）になってん、
写真（しゃしん）撮（と）っといて
くれへんかなぁ～

獣医さん

忘れるところだだ

ふー

3

そして・・・

よんちゃーん

4

サバンナゾーンではキリン・シロオリックス・シマウマ・ダチョウなどの動物を混合飼育しています。シマウマは蹄が伸びすぎると肢の状態が悪くなってしまうため、削蹄をする必要があります。

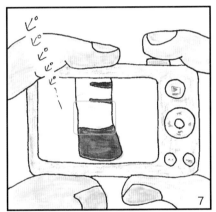

好奇心旺盛なダチョウは、長い首をクネクネさせながら、・・・寄ってくるんです（涙）

ホースで水を流せば水を突き、カメラを構えればカメラを突き、何もなければ制服を突いてくる…ダチョウはそんな可愛くお茶目な動物なのです。

動物園の
なにげない一日
〜なんで、わたしだけ？〜

サバンナゾーンでは
ペリカンの給餌イベントが
はじまりました

1

野生のアオサギも寄ってくるのですが、
今回は少し変わったアオサギのお話です。

コウノトリ目サギ科
アオサギの
「サギタロウ」
※性別・年齢？？？

2

あんまり
でしゃばるんじゃ
ねーぞ

クーパー
性別：オス

3

僕たちの口に入らなかったのは
食べてもいいですよ

ウッディ
性別：オス

4

以前にペリカンナイスキャッチというエサやりイベントを行っていました。ペリカンたちのエサを待つ可愛い仕草や、4種類の鳥たちの絡みあいなど見どころ満載でした。

でもね・・・

シュー

ピーチ
性別：メス

じーー

ギー
ビクッ

なんで、わたしだけ～

どびーん

なぜか、ピーチにだけは強気な
サギタロウでした。

がんばれ…ピーチ

なんでよー

ギー

 当時サギタロウと勝手に名付けたアオサギは、9月上旬にあらわれて10月に入ると姿を消していました。イベント中も控え目な他のアオサギに比べ、俺も主役だ！っとペリカンの横に陣取っていたサギタロウ・・・元気かな～？

動物園の なにげない一日

～衝動はとめられない？～

人は時に
衝動にかられることがある

衝動は
誰にもとめられない・・・か

1

ホーーワ
ホーーワ

それはどうやら
動物も同じらしい・・・

ブラーーン

きみか・・・

霊長目　テナガザル科
コンちゃん
性別：オス

2

数ヶ月前

コンちゃ～ん、
ごはんだよ～♪

3

ビョ～ン

やった！

リンゴ、
もってきたよ

4

テナガザルが鳴く理由として、縄張りのアピールやオスメスがコミュニケーションをはかるためと考えられています。その大きな鳴き声はおよそ2km先まで届くといわれています。

おいしそうに
　　リンゴを食べるコンちゃん

パクパク

ゆっくり食べな

5

しかし、次の瞬間「大声で鳴きたい」
　　　という衝動にかられたのである

ピキ ―――――ン

はっ

めっちゃ
さけびたい

今すぐ
大きな声で
鳴きたいゅ―

6

でも、リンゴも食べたい

・・・

うずうず

7

でも、さけびたい…

うずうず

うずうず

8

う ―〜〜〜ん

うずうずうずうずうず　うずうずうずうず

9

よし、鳴こう！！

２つのことを同時にしようとしたコンちゃんは
　　　　「むせた」のでした

づへっ

食べながらは

むせちゃうゾ〜

11

衝動とは・・・動作または行為を行おうとする抑えにくい内部的な欲求です。例えば、ほしい
と思ったものをほしいがまま買ってしまったりしてしまいます。これは衝動にかられた「衝動
買い」です。

15

動物園の なにげない一日

～届け、この想い！！～

ある日のこと、
チンパンジーがいる部屋の
壁のタイルが一枚
はがれ落ちてしまいました

1

はっ

ツバキ
性別：メス

2

これは大変だ！！
ツバキちゃんがおもちゃにしたら…

ガーン

ピューーーン

へへへ

や…やばい…

3

つ…つばきちゃーん…

4

チンパンジーのツバキ・・・京都大学野生動物研究センター熊本サンクチュアリからやってきた、1996年2月17日生まれの女の子です。少し神経質な性格をしていますが、ロイ君と仲良しです。

言葉を理解しているのか、偶然なのか・・・実際のところはどうなのでしょう？ただ、このような事は日々チンパンジーと接していて珍しいことではないようです。日頃からなにげなくかけている言葉を、チンパンジーは少しずつ学習しているのかな？

動物園の なにげない一日

～思い出しにおい？～

1

トラ舎 室内展示場

くっせー

ZOO

2

そんなにトラ舎って くさいかな〜

おれはあんまり 気にならないんだけどなぁ〜

まぁ、室内のうえ トラが「マーキング」 しますからね〜

3

たしかに、臭い慣れしていないお客さんは くさいと感じるだろうな〜、 おれなんか、毎日のように嗅いでるから 今となっては「無味無臭」だよ

む…無味？

トラの担当

4

車の芳香剤とかもそうですよね、 最初はいい匂いなのに、 いつしか気にならなくなるんですよ

まぁ におい あるあるって やってですか〜

ちょい ちょい

トラのマーキング・・・尾が上がったら要注意！ 後ろに向けておしっこを勢いよく飛ばします。 こうして自分の縄張りに目印となるニオイをつけたり、鋭い爪で木などに傷を残したりします。 思いのほか飛ぶことがあるのでトラを観察する時は気をつけてくださいね！

「におい」あるあるなら
　　わたしにもありまーす！！

新　　　　人

トラの代番

5

たぶん、
ここで働くみなさん
あると
　　思うんですけど…

おぉ！

なんだ なんだ

6

夜、寝ていたら…
　　突然、目が覚めて・・・

パチ

は

7

と…
　　トラのにおいがする

ガォー

がばっ

8

ってよくありますよねー

思い出しにおいってやつ

ないない

9

トラの代番…動物園の飼育業務は２人１組で行うことが多いです。今回の新人キーパーは主に
カンガルーを担当しており、トラ担当のキーパーがお休みの時に、代わりにトラの飼育業務を
行っていました。

動物園の なにげない一日

～すべりどめ？～

昔の人は、土を耕すときなど
手のひらに「つば」をつけて…

1

すべらないようにしたものです

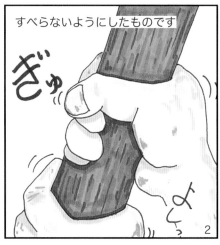

ぎゅ

よ～

2

こうすることによって、
無駄な力がいらなくなります

3

さて、サルの仲間である
ショウガラゴの場合はどうでしょう

ショウガラゴ
霊長目ガラゴ科
「ブッシュベイビー」
とも呼ばれる

4

ショウガラゴはアフリカに生息する体がとても小さい夜行性のサルです。大きな目と耳が特徴的で、3ｍぐらいの距離をジャンプして移動することができます。とべ動物園にはスネークハウスの中の夜行獣舎にいます。

なにやら、もぞもぞと
さわっているようですね…

もぞもぞ

もぞもぞ

5

プ
ーン

ねっちょ

ねっちょ

おしっこまみれ

6

こうすることによって、
すべりにくくじしているとか、
していないとか、

ピタ

7

まぁ、なわばりに臭いをつける
マーキングの役割が
大きいでしょうが…

ピョーーン

8

人に慣れているショウガラゴだと、その手で飛び乗ってきちゃいます

か…かわいいんだけどさ…

ベチョ

9

 その場所におしっこをかけたり、臭腺をこすりつけたりするマーキング方法はよくありますが、手足におしっこをつける方法は面白いですね！ 外敵から身を守るために素早い行動が求められる「知恵」なのかもしれませんね。

動物園の なにげない一日

〜シェルターの使い方？〜

ライオン舎運動場

さくらとリリ花も
大きくなったな…

1

さて、みなさん！

今回は「シェルター」に

まつわるお話を

したいと

思います

2

「シェルター」というと
「避難所」という意味ですが
その言葉はいろいろとありますよね！

核シェルター　アニマルシェルター　Dシェルター

ドックシェルター　通路シェルター

3

動物園にも、
ネコ科動物の運動場などに
キーパーお手製の
シェルターがあるんですよ

4

さくらとリリ花…2015年2月12日に誕生した姉妹です。一緒に産まれた兄弟には人工哺育で育った「柑太郎」がいます。

22

このシェルターをお客さんが見やすい位置に設置することによって
動物にとってもお客さんにとっても、いい点が多いのです

高いところは
気分がいいな〜♪

みやす…ね♪

2階建てシェルターは
雨宿りができます

ぬれるのは
イヤだよ

キー

キー

群れで飼育しているサルのところには
コンクリート製の「U字溝」を置いて
避難場所をつくっています　　　　5

まぁ、動物によって活用方法は
いろいろとあるのですが…

6

やんちゃ娘たちを
子育てしていたリリー母さんは

7

子どもたちからの避難場所として
うまく使っていたよ！

子育ては
大変だからネ！

少しは
休ませて〜

あそぼ
あそぼ

おかーさーん

8

リリー母さんは、何もわからない子どもたちに運動場の危ないところなど隅々まで丁寧に教え
ていたそうです。ようやく、子どもたちも運動場に慣れ、少し気が抜ける一休みの場所としてシェ
ルターの上を活用していたそうですよ。

23

動物園の
なにげない一日
〜奇病⁉ アオバトのユキコ〜

動物病院

ここは、保護された野生動物の治療や
野生復帰への訓練を
しているところでもあります

ある日のこと・・・

お疲れさま
でーす

ん？

お疲れさまでーす

こ、これは・・・

アオバト…日本・中国・台湾に生息している綺麗なオリーブ色をしたハトです。普段は森林で
生活をしていますが、夏から秋にかけては海岸で海水を飲むことがあるそうですよ。

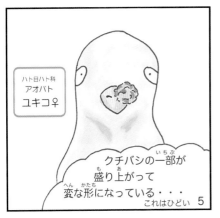

ハト目ハト科
アオバト
ユキコ♀

クチバシの一部が
盛り上がって
変な形になっている・・・
これはひどい 5

はい・・

あ・・あの─

6

こ・・・このアオバトは
な・・・なんの病気なんですか？

ゴクリ

7

ち・・・ちがうんですっ！

8

食べ方が下手で、時々クチバシに
「エサ」がついちゃってるんですよ！

ズコー

9

ユキコは病気や怪我をしたわけではなく、バードパークに引越しをする前の準備期間として動物病院で生活していたそうです。エサは上手に食べれるようになったのかな？

動物園の なにげない一日
～ダチョウの注射、大作戦!?～

ある日のこと、
ダチョウの大三郎が脚を痛め
食欲もなくなってしまいました

1

薬を飲んでほしいけど…
エサを
食べないんじゃなぁ～

う～ん

2

注射を打つにも、
保定しないといけないし
毎日となると相当なストレスだよな～

3

なんかいい方法
ないかな～

4

保定とは動物を治療するときなどに動物が動かないようにおさえることをいいます。おもに力でおさえる物理的保定と麻酔などで動かなくする化学的保定があります。

と、そのときです

お、おいおい、そんな狭いところに自分から入ってきて身動きとれないだろー

もう！

ぎゅ ぎゅ

ジャーーッ

み…身動きがとれない…

…自分から…

ん？

6

これって、チャンスじゃん！！

…ということで、
獣医さんと作戦を相談して

大三郎がはさまっているうちにうしろから…

わかりました。さりげなくですね！

8

ぎゅ ぎゅ

今です

スーー

9

大三郎に無事注射を打つことができました

掃除中、自らせまい所にやってきて
身動きがとれないところを
さりげなく後ろから注射を打つ

作戦成功！！

ん？

なんかあった？？？

よくっ！

10

今回は柱と人のあいだに大三郎がはさまることにより、偶然にも注射が打てる環境になりました。また大三郎は、他のダチョウと比べてのんびりとした穏やかな性格をしているので、この作戦が成功したのでしょう。

動物園の なにげない一日

～恐怖…振り返れば、やつがいる???～

みなさん、こんにちは
今回（こんかい）は、羊（ひつじ）の担当（たんとう）キーパーが
実際（じっさい）に体験（たいけん）した・・・
怖（こわ）～い？ お話（はなし）をおとどけします

それは、いつものように羊（ひつじ）がいるところを
掃除（そうじ）していたときのことでした…

2

な…なんだ…この気（き）は…
視線（しせん）を感（かん）じる…

ゾクッ

3

振（ふ）り返（かえ）っても…羊（ひつじ）がいるだけ…

気のせいか…

クルっ

4

 今回登場した羊はニュージーランド原産のコリデールです。こども動物センター横で会うことができますよ。

 一見おとなしそうに見える羊ですが、雄は攻撃性が増す時期がありその威力もなかなかなものだそうです。仲間思いな羊もいて、他の羊を治療している時などに向かってくることもあるそうですよ！

29

動物園の なにげない一日
〜ゾウとフェレット〜

その女性は少し悲しそうな顔をして
私に声をかけてきました

あの〜.
すみません

1

ここの動物園のゾウは
小動物を食べるんですね

2

ゾ…ゾウが…小動物を
……食べる？？？

3

この人に
いったいなにが
あったん
だろう？

なんで
そんなことを
いうん
ですか？

4

エサのペレット…動物園ではゾウに限らず、様々な動物たちに人工飼料を与えています。これは天然飼料だけでは不足してしまいがちな栄養を補うためで、保管や給餌しやすいよう主に小さな塊になっています。（※英訳　ペレット＝小さいかたまり）

30

さっき、ゾウのところで
係の人のお話を聞いていたんです

…そしたら…

5

ゾウさんは乾草や樫の木の枝葉、
パンやリンゴやサツマイモなど
のほかにも・・・

ゴゴゴゴ　ゴゴゴ…

6

フェレットをあげてるって!!

7

なぬ

フェ…フェレット…

8

それって、「フェレット」じゃなくて
「ペレット」だと思うんですけど…

人工飼料です

えっ、ペッペレット!!

やだも～

その女性は顔を少し赤らめて去って行きました　9

フェレット…ヨーロッパケナガイタチを家畜したものといわれており、鳴き声や臭いの問題が
少なく、好奇心旺盛で人懐っこい性格からペットとして人気が高い動物です。それでも飼育す
る際はしっかりと知識を身につけてから飼育しましょう。

31

動物園の なにげない一日
〜ヒクイドリの危険な戦い!?〜

1

オーストラリアストリートには
２羽のヒクイドリがいます

サツキ（♂）

カンタ（♂）

2

ギネスブックには
『世界一危険な鳥』と登録されるほど、
攻撃力がズバ抜けています

ド
ゴッン

3

そのため
ケンカしないようにフェンスには
目隠しの板を張っています

4

しかし！　急いで作ったので
ヒクイドリが
頭を下げた高さに隙間があり…

オスのカンタとメスのサツキ・・・・いやいや、メスと思っていたサツキは性別検査の結果、なんとオスでした。鳥類は見た目で雌雄の判別が難しい種類もいるので、現在は羽を採取して大学で検査をしてもらっています。

その隙間から2羽が覗きあって、一触即発ムードです。お互いに緊張が高まりあって、「最大の武器のキックをお見舞いするぜ！！」

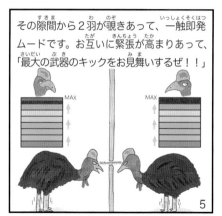

5

…と、立ち上がってキックの体勢になると相手が見えなくなります

6

ですが、また頭を下げると奴がこっちを見ています！

7

「再びキックだ！」とキックの体制になるとまたいません

8

これを繰り返して、結局ケンカにはならなかったとさ

めでたし、めでたし

その隙間はすぐに直して、事なきを得ました

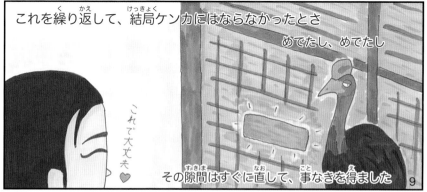

9

走鳥類であるヒクイドリの武器といえば、やはり一撃必殺の『蹴り』です。この強力な蹴りで相手を倒してしまいます。普段は臆病な性格ですが危険を感じると豹変するとか⁉ 決して怒らせないようにしましょう！！

動物園の なにげない一日
～ダチョウはいいんかい!?～

キリンのユウマくん、蹄(ひづめ)のお手入れをしていた時(とき)のお話(はなし)です

↑獣医さん

1

あー、ささくれみたいなの最近増(さいきんふ)えたな～

とっちゃえ!

さわっちゃダメです!!

2

どこさわってるの

ドン引き～

サササ

えぇっ

3

そのささくれみたいなのをさわると嫌(いや)がるんですよ

けっこうびんかんです

へえー、そうなんだ

4

蹄のお手入れ…動物園で飼育しているキリンは、運動不足などにより蹄が伸びすぎてしまう場合があります。蹄の伸びすぎは歩行困難や関節炎の原因となるため、時々切ったり削ったりしています。

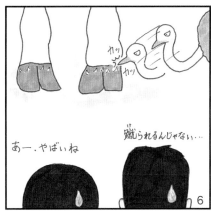

6

7

8

9

 サバンナ展示場ではダチョウをはじめシマウマやオリックスなどが一緒に生活しています。
違う種の動物たちが思い思いに接触しながら、生活にいい刺激を受けているようです。

動物園の なにげない一日
〜ベェー、ヴェー、ピイーイ〜

リトルワールドにいる
ヒツジやヤギの仲間(なかま)たち

1

コリデール！

ヴェー

どん

2

ミミナガヤギ！！

ヴェ

どん

3

ヤクシマヤギ！！-!

ピイーイ

ずん

ヒツジやヤギの鳴き声は「メー、メー」と思いがちですが、実際はなかなか文字に表しにくい
鳴き声をしています。個体によっても違いがあるので、よ〜く聞いてみると面白いですよ。

動物園の なにげない一日
～うま、うまとび～

グラントシマウマの
　レンくんとヒナタちゃん…

レン
0さい

ヒナタ
1さい

1

この2頭は

ほんと
仲良しですよね～

年が近いぶん

ちょうどいい
遊び相手やね！

ほほえましい

2

うちの息子2人も

なんだかんだいって
　いつも一緒に遊んでいますよ！

6さい

3さい

ケンカも
よくするけど…

3

昨日の夜は「馬跳び」をして
遊んでいたんですけど…
　兄ちゃんは上手に跳んでて…

ほっ

じ～

3

4

馬跳びとは一人が状態をかがめて台となり、もう一人が台に手をつきながら開脚して飛び越えるものです。台の姿勢を変えることで、30㎝ほどから1mぐらいまで高さを調整できます。

負け<ruby>ん<rt></rt></ruby>気の強い弟は
同じように跳びたくて…

でも、結局上手に跳べず
頭から落ちちゃったんですよ

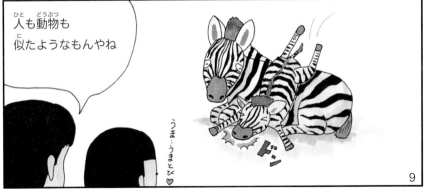

人も動物も
似たようなもんやね

グラントシマウマは2歳〜3歳で性成熟を迎え大人の仲間入りをします。子どもといえる期間
は長くはないですが、この頃の二頭はいつもやんちゃに遊んでいました。

動物園の なにげない一日

〜珍鳥！大発見!?〜

 日本でイエガラスは、1981年に初めて大阪で一羽発見されました。その個体は天王寺動物園、大宮動物園で飼育され多くの人に愛されて長生きをしたそうです。

 マムシのことを地域によっては「ハメ」と呼ぶように、イソヒヨドリも違う呼び名が出たのでしょう。偶然とはいえ、「イエガラス」という鳥を知ることができました。

41

動物園の　なにげない一日

～犬はどこ？？？～

 動物園は感染症予防のため、犬などのペットを連れて入園することはできません（一部介助犬は除く）。もし、知らずにペットと来園された場合、入口でお預かりする場合があります。

動物園の
なにげない一日

〜チャンスがきた？〜

私は今、キリンの部屋を
掃除しながら…
あるチャンスを待っている

1

そう、となりの部屋にいるメスキリン、
杏子の「おしっこをとる」
というチャンスだ

2

健康管理のため、杏子のおしっこをとろうとしているものの
いつ出るかわからない、おしっこの時間が短い、近くでしてくれないととれない、
こういったことから、一度もとれずにいるのだ…

おしっこ
でなかったなぁ

道具
とってください!!

もう
おわってるぞ

と‥‥
とどかない…

ジョー

※だいたい7秒ぐらいで
おわります

3

キリンのおしっこをとるときは、安全のため長い棒の先に紙コップをつけた道具を使います。
普段おとなしいキリンも、なにかに驚いて長いあしがバタバタすると危ないですからね。

44

 キリンのうんこは1〜2cmほどの粒状の大きさで、一度の排泄で100〜200個ほど出します。歩きながらすることもあるので、飼育係は心の中で「止まってしてくれ！」と願っています。なぜでしょう？（笑）

動物園の なにげない一日

～うれしい合図？～

ここはふれあい広場

コールダック

1

もー、 ゴキブリー

2

ゴキブリだけは 苦手なんだよねー

3

4

コールダックは世界最小のアヒルです。マガモが家畜化されアヒルが誕生し、さらにそのアヒルが品種改良されコールダックが誕生しました。かわいい容姿と動きからとても人気があります。

また、ちがう日

5

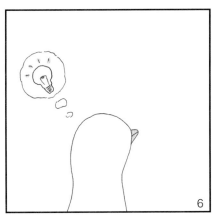

6

7

しばらくして…

8

そんなコールダックの妄想があったかどうかはわかりませんが
キーパーの「キャッ」という声に反応して、寄ってくるようになったそうです

9

コールダックは菜っ葉や穀類のエサなどを普段食べていますよ。ツユムシ（バッタの仲間）も見つける
とせっせと食べているそうですよ。このコールダックは知らず知らずのうちに「学習」していたんですね。

動物園の
なにげない一日
～エサでダメなら…～

ラクダは
砂漠で何日も水を飲まなくても
生きていられるといわれる

そんなラクダが
とべ動物園にやってきました

フタコブラクダ
オス
ブライアン・
御結び（おむすび）
※この名前はのちに命名される

なかなか部屋まで
歩いてくれませんね

ラクダも
新しいところは
怖いだろうな～

よーし！
ひいてダメなら…

ラクダにはコブが一つの「ヒトコブラクダ」とコブが二つある「フタコブラクダ」がいます。
コブの中には水ではなく「脂肪」がたくわえられていて、栄養不足になるとコブが小さくなってしまいます。

おいしい、おいしい青草(あおくさ)だ！！

しかし、青草(あおくさ)では動(うご)いてくれず…

よーし！青草(あおくさ)がダメなら「水(みず)」だ！！！

み‥水ですか！？

ラ‥ラクダですよ

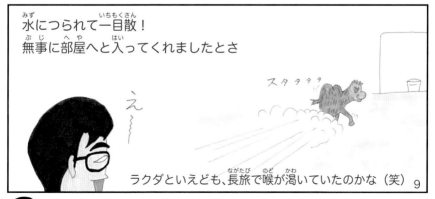

水(みず)につられて一目散(いちもくさん)！
無事(ぶじ)に部屋(へや)へと入(はい)ってくれましたとさ

ラクダといえども、長旅(ながたび)で喉(のど)が渇(かわ)いていたのかな（笑）

労働をしないラクダは数か月のあいだ、水を飲まなくても生きていられるといわれています。そのかわり、一度に80リットル以上もの水を飲むことができるそうですよ！「飲めるときに飲む！」ですね。

動物園の
なにげない一日
～ブロッコリーとシシオザル～

今回のお話はシシオザルのトミーが初めてブロッコリーを体験したお話です。

シシオザル
トミー（オス）

1

今日は特別にブロッコリーをあげてみよう！

最近、動物園でも「エサの改革」が進んでいるからな〜

2

展示場のまん中にブロッコリーをおいてっと…

3

よーし、
行っといで〜

ガラガラ

4

エサの改革・・・これまでサルのエサには果物が多く取り入れられていましたが、近年、栄養素レベルで餌の見直しがされるようになり、野菜を中心としたメニューの方が健康状態がよいとされています。ただ、日本では野菜が高いのが難点なのです…

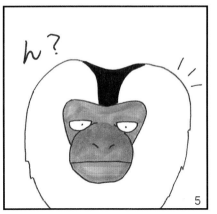

ん？

はぅぁ

バッ

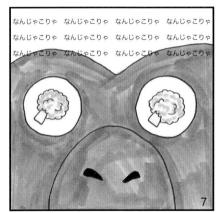

なんじゃこりゃ　なんじゃこりゃ　なんじゃこりゃ　なんじゃこりゃ
なんじゃこりゃ　なんじゃこりゃ　なんじゃこりゃ　なんじゃこりゃ
なんじゃこりゃ　なんじゃこりゃ　なんじゃこりゃ　なんじゃこりゃ

その後も
ブロッコリーに対して大興奮！

攻撃するけど
さわれてない…

トミーにとってブロッコリーは
食べ物ではなく、天敵だったようです

せっかく
買ってきたのに

ポツーーン

人間でも食べ物の好き嫌いはありますよね！　小さい頃から食べ慣れていればなんともないものでも、大人になってから初めて食べるとなると勇気がいるものです。栄養満点ブロッコリー♪　みんなで食べよう
ブロッコリー♪

動物園の
なにげない一日

〜長寿！ブタオザル〜

とべ動物園には「ブタオザル」
というサルがいます

ブタオザル
しんのすけ（メス）

1

しっぽが豚のものと
似ていることから
この名がついたそうです

2

どうせならダイアナモンキーみたいな
名前がよかった…　と思っている
かどうかはわかりませんが…

3

とても愛嬌のある人気者です

愛称は
『しんちゃん』

ぱっちり
お目目に
くっきり
二重

相手の
気を引き
たい時は
口をすぼめます

4

ブタオザルのしんのすけ…もともとはペットとして一般の家庭で飼われていました。昔は性別が
わからず「しんのすけ」と名付けられましたが、動物園で保護された後に実はメスだということ
がわかったそうです。キーパーはみんなしんちゃんと呼んでいます。

そんなしんちゃんの年齢は
なんと45歳以上！！

長 寿

よく食べ…

モグ
モグ

よく寝て…

キーパーお手製の
寝台がお気に入り

高齢とは思えない軽快な動き

さっさっさ

しかし…キーパーからエサをもらう時だけは
年齢を感じさせられるようです

長生きしてね

う〜ん…ふるえる…

ぷる
ぷる
ぷる

動物園で飼育されているブタオザルの寿命は30年前後といわれています。しんちゃんはすでに
45歳を超えています。これからも元気に長生きしてもらいたいですね！

動物園の なにげない一日

〜カミツキガメはなぜ浮くの？〜

ある日、いつもは水の底にいるカミツキガメが浮いていました

ぷか〜

生きてます???

ときどき動いているので生きています！

獣医→

いつものように水をたして…

たまるまでエサの用意しとこ！

ジャ

…戻ってきたら、浮いていたんです

どうも水底に行こうとしても体をしずめれず、行けない感じなんです…

あっ

プカプカ

カミツキガメはアメリカ大陸の水辺に生息している大型のカメですが、今では、日本の池や沼などでも繁殖し本来の生態系を脅かす存在となっています。名前のとおり、噛む力がとても強いので見つけても手を出さないようにしましょう！

カメのおしりに
なにかついてますよ！

ビシ!!

なんだこれは、
うんこかな？
とっちゃえ！

ほじほじ

では、水に
もどしますね

カミツキガメはたくさんの泡（あわ）を出しながら
いつもの場所（ばしょ）に沈（しず）んでいきましたとさ

おぉ！

ガスがたまっていたんですね

ボコボコ…

どうやら、うんこが総排泄口をふさいで固まってしまい、おならが体内にたまってしまったよう
ですね。総排泄口とは糞や尿が出る場所のことで、雌の場合は卵もここから生まれます。鳥類も
同じ仕組みです。

動物園の
なにげない一日

~動物園のたい肥ってどうなの？~

動物たちが
　　　　毎日出すうんこは…

1

夕方、たい肥場に運ばれます

2

ここで機械によってうんこなどは
　　　撹拌・発酵され、たい肥となり…

3

農家さんなどに
　　　　購入してもらっています

価格は一袋（20 kg）
　　で 100 円、
軽トラック一台分
　　で 1000 円です

4

 とべ動物園のたい肥場は入口ゲートから歩いて5分ほどのところにあります。今でこそこのようなリサイクル方式は珍しくありませんが、開園当初は全国でも画期的な取り組みでした。

とべ動物園で働いている人の中には、シルバー人材派遣センターより来られているご高齢の方もいます。主に動物の餌に関わるお仕事をしていますが、人生で培った知識や技術を教えていただくことも少なくありません。

動物園の
なにげない一日
～サーバルパンチの悲劇！？～

サーバルのブイくん…

1

気が小さいため…

あっ！
サーバル
サーバル

おーい

ん？

2

ちょっとしたことで
ネコパンチが出てしまいがち…

うるせー

おぉ

3

そのせいで右の前足を
痛めたようで…

歩きかた
変だね

いたぃ……

4

 サーバルのブイくんは2011年に香川県にあるしろとり動物園で生まれました。とべ動物園にいるセンくんとは兄弟です。人相が悪いとありますが、実物はもっとプリティーな顔立ちをしています。ブイくんごめんなさい m(_ _)m。

獣医さんに連絡…

右の前足を
いためちゃった
みたい
なんです
けど…

あら大変！
あとで見に
行きますね

5

そして…

このこです。
お願いします

ピッ

どれどれ

6

サーバル
パンチ

7

いてー！

8

痛めた前足をまた使い
余計にひどくなってしまったブイくんでした

なんで
するかな〜

薬だしますね！

チーーーン

いたい…

9

ついついまた手（前足）が出てしまったブイくんですが、このあと薬をのんでよくなったそうです。ブイくんにあったときは、刺激をしないでやさしい気持ちで見てあげてくださいね！

動物園の
なにげない一日
〜がんばれ！リュウトくん〜

おっぱいが大好きなリュウトくん…

いつも飲めるわけではありません…

でも、そのときがきたら、
　　　　　　優しく合図して…

キリンのリュウトくん…生まれた時に190cmだった頭頂高も半年がたった頃には280cmに達しました。体が大きくなってもまだまだ赤ちゃん！　この頃は一日に二回ほど、お母さんのおっぱいを飲んでいました。

飲_のませてもらえます

5

でもね…

おきて！

ん～？
おっぱい？

6

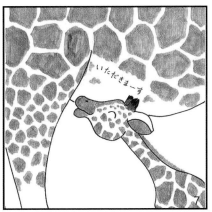

いただきまーす

7

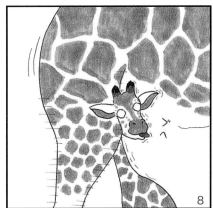

8

ときには、こういうこともあるのです…

なんで…

…ガンバレ

スタスタ

9

 お母さんの「隙」を見つけては、おっぱいに吸いつこうとするリュウトくん、そのほとんどは拒否されてしまい、強烈な後足が顔にヒットすることも…（涙）

動物園の
なにげない一日
〜主役はだれだ？〜

ついにこのときがやってきた…

1

１２年に一度の晴れ舞台(はぶたい)…
　　そう、『干支送り(えとおくり)』！！

2

２０２１年は丑年(うしどし)ということで
ウシ科のエランドがその大役(たいやく)を
ひきうけるはず…

3

そして、子年代表(ねずみどしだいひょう)のモルモットから
エランドへとしめ縄(なわ)が渡(わた)される

お願ぃ
しまちゅー

まかせろ

テレビカメラも
くるだろなぁ〜

エランド担当

4

 干支送り…毎年、年末の最終開園日に、その年の干支動物から来年の干支動物へとしめ縄を渡す
イベントです。実際の受け渡しは来園者にも参加してもらっています。

主役はシロオリックスのほうが有力ですよ

なに!!

5

同じウシ科ですし、今年は二頭も仲間が増えています。
数の多さではシロオリックスでしょう。

ゼツナ　リリィ

シロオリックス
担当

6

エランドだ!!　シロオリックスです!

バキ バキ

7

干支おくりの動物が
決まりましたよ～♪

じゃ～ん

2020ねん
干支おくり

8

キリンで～す!!
当日はお願いしますね

おっ!きまったかい？
まかせとき～

キ…キリン!?

キリン担当

9

キリンはウシ目（鯨偶蹄目）キリン科と分類され、大きくわけるとウシと同じグループになります。蹄の数や胃の数、また反芻するところなどウシとキリンは特に共通点が多いのです。

動物園の
なにげない一日

〜ハゲコウのルール？〜

とり
鳥インフルエンザによる
かんせんよぼう　　　　　しゃない　く
　　感染予防のため舎内で暮らす
にわ
二羽のアフリカハゲコウ

せっせ

ぜぜ

1

きょうりょく
キョロとテルは協力して
りっぱ　す　つく
　　立派な巣を作りました

キョロ
(オス)

テル
(メス)

2

いちわ　す　　はな　とき
一羽が巣から離れる時には
いちわ　す　のこ
　　もう一羽は巣に残る…

いって
らっしゃい

枝を
とってくるよ

3

かなら　　　　　　　す　のこ
必ずどちらかは巣に残っていないと
いけないルールがあるようです

おかえり

枝
とってきたよ

4

アフリカハゲコウはその名のとおり、アフリカに棲んでいる頭の羽が少ないコウノトリの仲間です。見た目は少し不気味ですが、腐肉を食べるこの鳥は生態系を清潔に保ってくれているのです。

ある日（ひ）

るすばんする
キョロ

そろそろね…

エサをまってル

5

♪ どーぞ

！

6

バサッ

わしも
くぅ～～!!

エ～

巣は…!!

7

巣！巣！

いただき
まーす ♪

8

巣を守（まも）るため、がまんするテルでした

ぜったいズルイ

プンプン

苦労するね…

9

キリンに樫の木の枝葉を与え、翌日残った枝を短く切って巣材としました。
どれも同じような枝でも、キョロは一生懸命選別して巣に持ち帰っているようでした。

動物園の
なにげない一日

～オスかな？ メスかな？～

ダチョウが一羽、
孵卵器のなかで孵化しました

1

ハリネズミのような体をしていて、
首にはサーバルのような
模様があります

2

もしかして…
野生ではジャッカルと遭遇した
ときに…

おっ
えものだ！

やば
…

3

針は嫌だし、
サーバルの仲間か〜
やめておこう…

？

こんな感じで身が守られているのか…
※たぶんちがうと思います 4

孵卵器とは、鳥類や爬虫類の卵を人工的に孵化させる装置です。
今回のダチョウは40日目に嘴打ちがはじまり、それから約8時間後に誕生しました。

一ヵ月がたったころ、外（そと）で日光浴（にっこうよく）…

おつかれさまです

おつかれ〜

5

大（おお）きくなりましたね！

オスですか？

メスですか？

6

それがまだ
わからないんだよ
見た目（みため）では半年（はんとし）ぐらい
たたないと…

そうなんですね

おいで〜

7

男（おとこ）の子（こ）かな〜
女（おんな）の子（こ）かな〜

どっちかな〜

8

なんとなくだけど…
「オス」のような気（き）がする…

なんでそっぱりっ…

うっとり

よしよし

9

雛は孵化後半年ほど経つと、羽が生え変わりはじめてオスかメスかがわかるようになります。
総排泄口による判別方法もありますが、なかなか難しいそうです。

動物園の
なにげない一日

〜コロナ禍の悲劇!?〜

休園日（きゅうえんび）

ギコギコ

1

やっと全部（ぜんぶ）切れた、
サイの所（ところ）にもっていこう！

ふ

2

うぁっ
なんかひっかかった!!

ジェ

3

わちゃちゃちゃちゃー
なにかいるー!!

クモかっ!?

4

園内にはたくさんの木々が生えています。伸びすぎた枝は植栽業者やキーパーが剪定して、枝葉を好む動物たちに食べてもらっています。

68

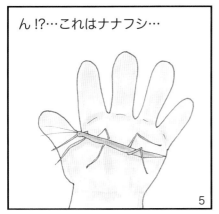

ん!?…これはナナフシ…

説明しよう！ このナナフシは
「タイワントビナナフシ」という種類で
刺激をうけると臭い液を出すのである

 タイワントビナナフシは主に南西諸島から西日本に生息しています。
ゴボウのような…腐ったタマネギのような…そんな臭いがするそうですよ。

とべとべコミック TOBETOBECOMIC
動物園の なにげない一日
～工事の音？～

ある日の休園日（きゅうえんび）…

ウィーン
ウィーン
ガガガガガ
シャ
ガンガン

1

動物園（どうぶつえん）が休み（やす）とはいえ
園内（えんない）はにぎやかだな～

ガガガガガ…
ウィーン
トントントン
ゴゴ

2

休園日（きゅうえんび）の動物園（どうぶつえん）は、いろいろな業者（ぎょうしゃ）の人（ひと）たちが入（はい）って
植栽（しょくさい）や施設（しせつ）の管理（かんり）などをおこなっています。

シュ

〈植栽の消毒〉　　〈自動扉の修理〉　　〈電気設備の点検〉

3

最近では休園日にお客さんを案内するイベント「TOkuBE ZOO」を実施しています。期間限定ですので、案内をお見逃しなく～！

おっかれさまでーす

おっかれさま～

〈調理棟〉 4

今日もにぎやかな園内ですね！

5

たくさん業者が入ってますからね

コココココ……

ん？

6

今日、この近くで工事してましたっけ？

コココ……

ラクダ舎あたりで？

7

この音はアオゲラですよ木をつつくドラミングの音ですね！

えっ！アオゲラ？

と…鳥があんな機械的な音を!?

ある意味、工事中か～

コココココ……

8

アオゲラはキツツキ目キツツキ科の鳥です。繁殖期には「ピョーピョーピョー」と大きな音でさえずりますが、なかなか姿を見つけることはできません。

71

動物園の
なにげない一日
〜キリンパワー〜

 キリンが出入りするこの扉は幅が約3m、高さは2.5m、重さがおよそ450kgあります。雨などによりレールに土砂が入り込んだ時は、倍以上の重さを感じることもあるのです。

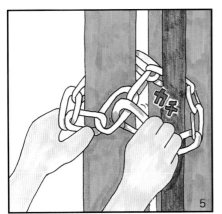

 いとも簡単に扉を動かすのは、オスのリュウキです。背の高さは5mを超えていて、日本の動物園にいるキリンの中でもトップクラスの大きさです。

73

動物園の なにげない一日
～ディディの好きなこと～

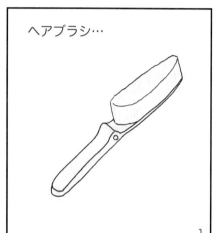

ヘアブラシ…

1

ディディ～♪
いいもの
もってきたよ～

？

2

うでの毛を
といてあげるね！

シュ

3

♪

4

 オランウータンのディディは人工哺育によって育てられました。とても知能が高いので、キーパーとの日々のコミュニケーションが重要とされています。

これはディディにあげるから
あとは自分（じぶん）でやってみてね

どうぞ

5

6

えっ
返品!?

ガーン

ポイ

7

いや、
あげるって!!

N.

8

ディディは人（ひと）にしてもらうのが好（す）きなのであった

しょうがないなぁ〜

9

オランウータンは「森の賢者」と呼ばれることもある、とても温厚な動物です。
とはいえ、力は人の何倍もあるためブラシをかけるときなどは檻越しで行っています。

動物園の
なにげない一日
～ポレポレのマイブーム～

ダチョウのポレポレ

1

最近、長ぐつが気になるようで…

2

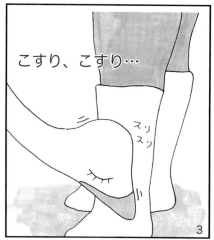

こすり、こすり…

スリスリ

3

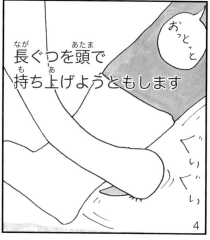

長ぐつを頭で
持ち上げようともします

おっとっと

ぐいぐい

4

ポレポレは 2021 年 6 月 3 日に人工孵化によって誕生しました。ダチョウは 2 歳から 2 歳半ごろに卵を産みはじめるそうです。果たしてポレちゃんは卵を産んでくれるでしょうか。乞うご期待です！

ポレちゃんは
なにがしたいん
だろうね？

卵の感覚で
さわってるんじゃ
ないですか？

5

ハゲコウも偽卵をあたえた時に
同じようなさわり方を
していましたよ！

ぐ・
ぐ・

※偽卵…にせものの卵

なるほど、今から産卵後の
予行練習とはすごいな…

ほ・う

7

それにしても
そっちばかりだよね…

オレも長ぐつなん
ですけど〜

why？

えっ！

？

8

オレの長ぐつじゃダメなの？
なんで？　なんで？
くさいから？　くさい？？？

さ…さぁ〜

嫉妬

9

母鳥は卵を産んだ後に抱卵をして卵を温めます。そして定期的に卵を転がすことによって、卵内
の水分を攪拌させて栄養分の偏りを防いだり、胚と卵の癒着を防ぎます。

動物園の なにげない一日

～キリンの枝の再利用～

キリンが食べたあとの
樫の木の枝は…

1

太いところを切りわけて…

2

ヤマアラシのところで
使ってもらいます

ありがとう

はいたっで～す

3

ヤマアラシはネズミの仲間
げっ歯類のため…

正式には、アフリカタテガミヤマアラシです

どうぞ～

4

樫の木はブナ科の常緑高木を総称する呼び方で、動物園ではアラカシやシラカシを餌として使用しています。木の特性としてとても堅く、耐久性に優れているので道具類や建築用材などに使われています。

硬い枝をかじることで門歯（前歯）が伸びすぎないようにします

ガジガジ ガジガジ

5

枝はヤマアラシのごうかい（？）なかじりっぷりにより、あっという間に小さくなってしまいます

バリバリ

チップの山

〈イメージ〉 6

でも、よその動物園から引っ越してきたドゥくんは…

新入りです

7

樫の木は食べ慣れていないのか…

ハシハシ

8

表面の薄皮だけを食べるのが好きなようです。

お上品だこと…

ごちそうさま

9

げっ歯類の門歯（前歯）は、生涯伸び続けるという特徴があります。そのため、常に物をかじってすり減らす必要があるので、飼育下では餌以外にかじることができる物も与えています。

動物園の
なにげない一日
～かえってきたスマホ～

 チンパンジーはその知能の高さから、道具を使ったり簡単な言語やじゃんけんを理解することができる類人猿です。ミライは好奇心がとても旺盛で遊ぶことが大好きな女の子です。

80

こすり、こすり…

ゴリゴリ

5

ふみ、ふみ…

どん　どん

6

それからロイに行きわたり…

ロイ〜、
返してよ〜

かしてみな

いじいじ

7

ありがとう、ロイ！

こわれただろな〜

ほぃ

ロイが返してくれました　8

奇跡的にスマホは無事でしたが…

せっ、設定が
変えられている…

お!!

壊れてない

設定を戻すのに苦労したようです

9

ミライの父親であるロイは、学習プログラムの一環としてパソコンを使用します。そのため、スマートフォンの操作も上手くできたのかもしれませんね。

動物園の なにげない一日

～小顔効果？～

ここはキリン舎

1

おつかれさま、
今、時間いい？

大丈夫ですよ

おつかれさまです

2

今度、講演会があって
その時のプロフィール写真を
撮りたいの～

3

それでキリンとの
ツーショットがいいかなぁ～
と思って

動物園を考える
○月○日

4

「繁殖賞」とは、日本動物園水族館協会が動物園・水族館で日本で初めて繁殖に成功したことを
たたえて授与する賞です。自然繁殖と人工繁殖の区分があり、繁殖技術の向上と種の保存が目的
とされます。

いいですよ！
葉っぱ
とってきますね！

あれ？
なんでキリン
なんだろ

5

センター長といえば「コウモリ博士」
といっていいほどコウモリが好きだし、
コウモリじゃなくても繁殖賞を受賞した
ことがあるオオサイチョウもいるし…

why

なぜに
キリン???

6

どうして
キリンとの写真を
選んだんですか？

だって…

7

オスキリンの頭は大きいから
わたしが小顔に見えるじゃない

8

ってゆーのはジョーダンよ！
キリンも大好きだからよ〜

ぜったい本気だ、
この人は小顔効果を
ねらっている…

と…とりますね

9

大人のオスキリンの頭はとても大きく、メスと比べてもその重さは3倍以上もあります。成長とともに頭骨の表面が隆起して分厚くなることから、見た目も角の周りがボコボコになっていきます。

動物園の なにげない一日

～あげないで！ 食べないで！～

園内を歩いていると…

ん？

お客さんが植物をちぎって
動物にあげたりしています

キャ～キャ～

ギャハハハ

おもしれ～

やれやれ…

もちろん注意をして
やめてもらいます

動物にとって
よくないことなんだよ

ごめんなさ～い

毒性の強い植物もあるから
あぶないんだよなぁ～

園内ではさまざまな植物を植えて管理をしています。これらの植物にまぎれて、知らず知らずのうちに毒性の強い植物が育つ場合もあります。決して植物を与えないようにしてくださいね！

※自分で食べるのもやめましょう（笑）

5月頃になると園内の植栽にまぎれてキイチゴが実ります。キーパーが収穫してムササビやアオバトにあたえることもありますが、衛生面からもお客さんには見て楽しむだけにしていただきたいです。

動物園の なにげない一日

～忘れたの？？？～

一年間の育児休暇があけて
今日から久しぶりのお仕事

がんばるぞっと

1

久しぶりのタローちゃん
元気かな～

キバタン

2

タローちゃんは
甘えん坊だからなぁ～

タロウちゃ～ん

おねーさ～ん

感動の
再会かも

3

タローちゃ～ん
久しぶり～

元気だった？

4

キバタンのタローちゃんはふれあい広場にいる人気者です。おしゃべりがとても上手で、「おはよう」や「こんにちは」はもちろんのこと、「車のバック音」の真似をすることもあります。

キバタンの頭には黄色の美しい冠羽があります。興奮したときなどは、この冠羽を広げて感情表現をするそうです。タローちゃんは人の好き嫌いがはっきりしており、特に男性を嫌う傾向にあるようです。

動物園の
なにげない一日
～ピ、ピース！～

クマ舎に入ってすぐのところに
ピース観察用モニターがあります

どれどれ
ピースは元気かな～

1

え…、こ…これは…

2

バーン

ピースが沈んでいる

3

ピ、ピース

バッ

4

ピースは1999年12月2日に産まれたホッキョクグマです。日本の動物園で初めて人工哺育に
成功したこともあり、しろくまピースの愛称で全国に知られています。現在も生存記録を更新し
続けています。

ピースが…、ピースが…
おぼれてしまったのか…

最悪だー、
どうか、
どうか無事で
いてくれー！！

ハァ
ハァ

ピース！！

チュチュチュチュチュ……

ピースに見えたその正体は、湿りと乾きが生んだ
偶然のシルエットでした

そういえば今日、
水を抜いて
いたんだった

がらっぽ

本来、ホッキョクグマは泳ぎが得意な動物なので溺れるということはないでしょう。しかしピースは癲癇（てんかん）という発作が起きる病気をもっているためプール遊びは心配なのです。

89

わくわく

おだやかな日常も

キリンが走れば

サバンナは大パニック

掘のむこうでワクワクするライオンたち

糸？

風にのってただよう糸

絹の糸？

それともクモの糸？？

キリンのよだれだったりする

雨

ヘイボール

キリンのヘイボール

たま～に…落ちる

エランドが角にひっかける

キリンに追われる

ポリポリ

シロオリックスの角

頭を下げれば武器になり

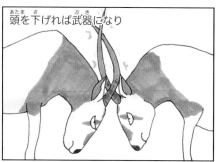

頭を上げれば…

背中がかける

ポロポロ

とまってポロポロ…

歩いてポロポロ…

走ってポロポロ…

できれば、とまってしてほしい…

ポレポレランド

シカ？

屈辱

ダチョウはものを
よくつつく

ベルトだよ〜

銀色や白いものを
よくつつく

カギは
大事だから
やめて〜

カッン
カッン

ときには…

え…

ひょ〜ん

なんだろう…このくやしい気持ち…

ぷる
ぷる

超音波検査

超音波検査

おぉ、

なんやこれ〜

モニター

おぉー

うごいてますね〜

モニター

めっちゃ気になる…

モニターが
みれない人

マーキング	ツノうんこ

カバのハグラーは糞をまき散らす

キリンのうんこ…

「ここは自分のなわばりだ！」っといっ行動
（マーキングという）

※掃除が大変

直径2センチほどの丸いうんこ
その数、多数

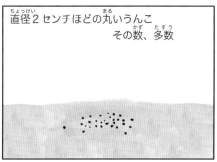

最近知ったこと…

極まれに…

こ…これは!?

メスのミミもマーキングをする…

し…しらなかった…

ツノが生えたうんこが出る…

激レア

間一髪

ショック

カービング

オッオッオー

ごめん

一瞬

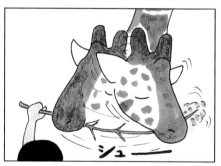

フィーダー

お供

落ち葉の季節…

もうそんな
時期か…

雨どいも…

背が高いキリンには…

フィーダーになる…

※フィーダー＝給餌器

乾草をほぐして

エサ台にのせると…

頭の上は乾草まみれ…

カマキリがのっていたりもする

あいさつ？	チャームポイント

みかん	くせ

たてよみ

いよいよ
「まんぷく」と
おわかれか〜

カバのまんぷく

そうだ！
サバンナ新聞のなかに
隠れまんぷくをいれよう!!

できた！
たてよみで「ま・ん・ぷ・く」

われながら
いかすな〜

その後…
誰からもリアクションなし…

ズ〜ン

セツナくん

シロオリックスのセツナくん

体格はやや小柄で…

コマチ

リリィ

セツナ

童顔

きゅん♥

でも、けっこう「オラオラ系」なのです

な、なんだよ

どけどけ〜

エサやり

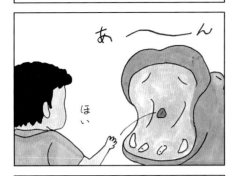

巣作り

収録されている「とべとベコミック」について

　このコミックは、機関誌「とべ ZOO」Vol.25-3 号（平成 25 年発行）第 45 話掲載分から Vol.35-1 号（令和 5 年発行）までの全 39 話と今回の冊子のために書きおろした漫画 4 話に加え、令和 3 年度より園内で掲示している「サバンナ新聞」の 4 コマ漫画、28 話分を収録し発刊しました。
　動物園で働く飼育係が、日々動物たちや身近な野生生物、さらにはお客さんとのかかわりの中で体験した出来事などを紹介しています。なにげない日常のなかで面白い発見、不思議な体験、感心することなどが毎日のように起こる動物園、今回も盛りだくさんの内容となっています。

※このコミックに掲載されている内容は、「とべ ZOO」掲載時の情報です。動物、イベントの最新情報はとべ動物園 HP をご確認下さい。（https://www.tobezoo.com）

動物取扱業に関する表示
申請者の氏名：公益財団法人　愛媛県動物園協会
事業所の住所：愛媛県伊予郡砥部町上原町 240
登録番号：動愛第 441 号（展示）、動愛第 994 号（販売）
動愛第 995 号（保管）、動愛第 996 号（貸出し）
登録年月日：平成 19 年 5 月 31 日（展示）
平成 29 年 5 月 31 日（販売、保管、貸出し）

事業所の名前：愛媛県立とべ動物園
動物取扱業の種別：展示、販売、保管、貸出し
動物取扱責任者の氏名：椎名　修
登録の有効期間の末日：令和 9 年 5 月 30 日

みやこし　さとし（宮越　聡）
1999年4月　愛媛県立とべ動物園に飼育係として採用される。
2015年1月　愛媛ゆかりの優れた刊行物に贈られる第30回愛媛出版文化賞で部門賞を受賞。
現在はサバンナ観測センターにてキリン等の飼育を担当している。
飼育を行いながら機関誌「とべZOO」のコミックを担当し、動物園のなにげない一日を描いている。

続・動物園のなにげない一日

2023年11月1日 発 行　　　定価＊本体900円＋税

著　　者　みやこし　さとし

企画・編集　公益財団法人 愛媛県動物園協会

発 行 者　大早　友章

発 行 所　創風社出版

〒791-8068 愛媛県松山市みどりヶ丘9－8

TEL.089-953-3153 FAX.089-953-3103

振替 01630-7-14660 http://www.soufusha.jp/

印　刷　株式会社シナノパブリッシングプレス